SITZUNGSBERICHTE DER SÄCHSISCHEN AKADEMIE
DER WISSENSCHAFTEN ZU LEIPZIG

Mathematisch-naturwissenschaftliche Klasse
Band 113 · Heft 1

ERICH LANGE

ALLGEMEINGÜLTIGE VERANSCHAULICHUNG DES II. HAUPTSATZES

AKADEMIE-VERLAG · BERLIN
1978

SITZUNGSBERICHTE DER SÄCHSISCHEN AKADEMIE DER WISSENSCHAFTEN ZU LEIPZIG

Mathematisch-naturwissenschaftliche Klasse
Band 113 · Heft 1

ERICH LANGE

ALLGEMEINGÜLTIGE VERANSCHAULICHUNG DES II. HAUPTSATZES

Mit 10 graphischen Darstellungen

AKADEMIE-VERLAG · BERLIN
1978

Vorgelegt von Herrn Schwabe
und Manuskript eingeliefert am 13. November 1976
Druckfertig erklärt am 29. September 1977

Erschienen im Akademie-Verlag, 108 Berlin, Leipziger Str. 3—4

Lizenznummer: 202 · 100/264/77
Gesamtherstellung: VEB Druckhaus „Maxim Gorki", 74 Altenburg
Bestellnummer: 762 495 3 (2027/113/1) · LSV 1145
Printed in GDR
DDR 4,— M

INHALTSVERZEICHNIS

Zusammenfassung

Zur Veranschaulichung des II. Hauptsatzes werden *Energiebehälter* Eb (Arbeitsbehälter Ab, Wärmebehälter Qb, Bezugswärmebehälter Zb bei der *Bezugstemperatur* $T_z = 1$ K, Stoffsysteme St) verwendet. Mit reversiblen *Bezugs-Carnot-Prozessen* zwischen einer höheren Temperatur $T_h > 1$ K und der Bezugstemperatur T_z läßt sich begründen, daß man jeden Wärmebetrag ΔQ_{Qb} aus zwei Anteilen im Sinne von

$$\textit{Wärmebetrag}\ \Delta Q_{Qb} \equiv \textit{Bezugswärme-Anteil}\ \Delta Z_{Qb} + \textit{Arbeits-Anteil}\ \Delta A_{Qb}$$

zusammengesetzt auffassen kann. Damit ergibt sich als II. Hauptsatz der chemischen Thermodynamik für alle Energiebehälter bei

reversiblen Vorgängen: *Gesamtkonstanz* der *Bezugswärme* $\Sigma \Delta Z_{Eb} = 0$,
Gesamtkonstanz der *Arbeit* $\Sigma \Delta A_{Eb} = 0$,

irreversiblen Vorgängen: *Gesamtzunahme* der *Bezugswärme* $\Sigma \Delta Z_{Eb} > 0$,
Gesamtabnahme der *Arbeit*

$$\Sigma \Delta A_{Eb} = -\Sigma \Delta Z_{Eb} < 0.$$

Diese Gesamtänderungen lassen sich reduzieren auf thermodynamisch gleichwertige Änderungen in einem

Bezugswärmebehälter Zb: $\Delta Z_{Zb} = \Sigma \Delta Z_{Eb}$ und in einem

Arbeitsbehälter Ab: $\Delta A_{Ab} = \Sigma \Delta A_{Eb} = -\Delta Z_{Zb} = -\Sigma \Delta Z_{Eb}$.

Der irreversible Fall mit $\Delta Z_{Zb} = -\Delta A_{Ab} > 0$ entspricht dem anschaulichen Ergebnis eines *irreversiblen Reibungswärmeprozesses* bei der *Bezugstemperatur* $T_z = 1$ K. Dies ist die allgemeingültige korrekte Veranschaulichung des II. Hauptsatzes.

Die Beziehung $\Delta S = \Delta Q/T$ zwischen Entropie ΔS und Wärme ΔQ bei der Temperatur T ergibt dimensionsrichtig für die Bezugswärme ΔZ bei T_z die Beziehung $\Delta S = \Delta Z/T_z$. Damit erhält man aus den obigen *anschaulichen* Beziehungen für die *Bezugswärme* die *Formalismen* für die *Entropie* bei allen

reversiblen Vorgängen: *Gesamtkonstanz* der *Entropie* $\Sigma\,\Delta S_{\mathrm{Eb}} = 0$,
irreversiblen Vorgängen: *Gesamtzunahme* der *Entropie* $\Sigma\,\Delta S_{\mathrm{Eb}} > 0$.

Für einfache irreversible Vorgänge mit überschaubarem Verhältnis W_a/W_e der Endwahrscheinlichkeit W_e zur Anfangswahrscheinlichkeit W_a von solchen Systemen ergeben sich dessen Beziehungen zur entsprechenden, im obigen Sinn reduzierten

Bezugswärme-Änderung $\Delta Z_{\mathrm{Zb}} = 1{,}38 \cdot 10^{-23}\,\mathrm{J} \cdot \ln W_e/W_a$ und zur
Entropie-Änderung $\Delta S = 1{,}38 \cdot 10^{-23}\,\mathrm{J} \cdot \mathrm{grd}^{-1} \cdot \ln W_e/W_a$.

1. Einleitung

Die chemische Thermodynamik gilt seit jeher bei manchen Chemikern und Physikern als verhältnismäßig schwer verständlich. Was zum Beispiel die Entropie anbelangt, so lernt man formal, daß diese Größe bei reversiblen Vorgängen insgesamt unverändert bleibt, dagegen bei irreversiblen Vorgängen zunimmt. Letzteres kann man bei einfachen Irreversibilitäten mit Wahrscheinlichkeitsbetrachtungen verständlich machen. Aber in komplizierten Fällen kann man so quantitative Aussagen des II. Hauptsatzes nicht leicht einsehen.

Wie im folgenden gezeigt, kann man aber doch einige einschlägige Grundgedanken veranschaulichen. Mit diesem Beitrag soll auch die Ansicht unterstützt werden, daß auf einem Kongreß[1]) nicht nur über spezielle Forschungsergebnisse berichtet werden sollte, sondern daß auch passende allgemeinere Probleme berücksichtigt werden sollten, zum Beispiel solche einer allgemein brauchbaren qualitativen und quantitativen Wissenslehre. Mehr als bisher sollte man — zur Überwindung eines oft unüberschaubaren Nurspezialistentums — nicht ausschließlich einzelne neue experimentelle oder theoretische Befunde berücksichtigen, sondern auch zugehörige wertvolle frühere Ergebnisse. Das gilt etwa bei der Klärung sachgerechter Nomenklatur, bei der Wahl, Bearbeitung und Förderung eines Forschungsthemas, bei der Gestaltung und Drucklegung eines verständlichen Berichts, eines didaktischen Lehrstoffs, eines ökonomischen Studienplanes, bei der Schaffung, sachgerechten Abgrenzung und Benennung, Ausschreibung und Besetzung eines Lehrstuhls. Stets sollte man auch die Grenzen wahren Realwissens beachten.

In den nachstehenden Darlegungen wird nicht von nicht leicht verständlichen Begriffen ausgegangen, sondern von einfachen experimentellen Tatsachen, von daraus entnehmbaren oder wohl bekannten Gesichtspunkten. Vor-

[1]) Siehe hierzu auch den Vortrag auf der ISE-Tagung Zürich 1976.

kommende Energiebeträge werden an Hand von *Energiebehältern* veranschaulicht[1]). So kann man sich einen *Arbeitsbehälter* in Form eines im Schwerefeld verschieden hoch gelagerten Gewichtsstückes vorstellen. Als *Wärmebehälter* kann ein reiner Stoff bei seinem Schmelzpunkt dienen. Wenn die Molvolumina der festen und der geschmolzenen Phase verschieden sind, kann die Volumenänderung beim Schmelzen ein Maß der zugeführten Schmelzwärme bilden. Wichtig ist ein „*Bezugswärmebehälter*“ Zb[2]) bei der „*Bezugstemperatur*“ $T_z = 1$ K, auch wenn ein Stoff mit diesem Schmelzpunkt nur im Gedankenversuch angenommen wird. Im Gegensatz zu solchen „*äußeren*“ Energiebehältern äEb kann ein *Stoffsystem* St als „*innerer*“ Energiebehälter aufgefaßt werden. Dieses kann u. U. an einem „*Kreisprozeß*“ teilnehmen, indem es von einem Anfangszustand St_{Anfang} über Zwischenzustände zu einem Endzustand $St_{Ende} = St_{Anfang}$ übergeht. Vorgänge nur zwischen äußeren Energiebehältern rechnet man zur „äußeren“ oder „*physikalischen*“ Thermodynamik, Vorgänge mit einem sich ändernden Stoffsystem zur „inneren“ oder „*chemischen*“ Thermodynamik. Einen Energieübergang zwischen einem inneren und einem äußeren Energiebehälter kann man sowohl vom einen als auch vom anderen *Standpunkt*[3]) aus beurteilen; je nachdem ergeben sich verschiedene Vorzeichen. Innere und äußere Energiebehälter können zusammenfassend als Energiebehälter Eb schlechthin bezeichnet werden.

2. Reversible und irreversible Vorgänge der physikalischen Thermodynamik

Bei einer *irreversiblen Reibungswärme* (Fall 2d, graphische Darstellungen der Vorgänge vgl. S. 20) erfolgt in einem Wärmebehälter Qb bestimmter Temperatur T eine positive Änderung des Wärmeinhalts, $\Delta Q_{Qb} > 0$, und in einem

---

[1]) Die Verwendung von Energiebehältern zur Veranschaulichung der in der Thermodynamik vorkommenden Energiebeträge wurde schon früher geschildert, „Überblick über die wichtigsten Arten thermodynamischer Vorgänge, ausgehend von den Änderungen des Arbeitsinhalts“, Z. f. Elektrochemie **43** (1937) 158.

[2]) Die besondere Bedeutung eines „Bezugswärmebehälters“ bei der „Bezugstemperatur“ 1 K, die definitionsmäßige Aufteilung einer Wärmemenge in einen „Bezugswärmeanteil“ und einen „Arbeitsanteil“ sowie die Wichtigkeit eines „Bezugs-Carnot-Prozesses“ wurde in der in Fußnote [1]) erwähnten Arbeit sowie in der Broschüre „Chemische Thermodynamik“, S. Hirzel-Verlag Stuttgart, **1949**, behandelt. Dagegen wurde damals, nicht dimensionsrichtig, Bezugswärme gleich Entropie gesetzt, so daß die damaligen weiteren Überlegungen nicht einwandfrei sind.

[3]) „Zur Standpunkts- und Vorzeichenfrage in der chemischen Thermodynamik“ Kolloidzeitschrift 88 (1939) 89.

Arbeitsbehälter Ab eine negative Änderung des Arbeitsinhalts[1]), $\Delta A_{\text{Ab}} = -\Delta Q_{\text{Qb}} < 0$. Wichtig ist ein Spezialfall hiervon, eine *irreversible Reibungswärme* bei der *Bezugstemperatur* $T_z = 1\,\text{K}$ (Fall 2a). Hierbei tritt im Bezugswärmebehälter Zb eine positive Änderung des Bezugswärmeinhaltes auf, $\Delta Z_{\text{Zb}} = -\Delta A_{\text{Ab}} > 0$, auch mit der Dimension (dim Energie). Ein umgekehrter Prozeß wäre unmöglich.

Auch noch ziemlich einfach ist ein *reversibler Carnot-Prozeß* zwischen einer höheren Temperatur T_h und einer niederen Temperatur T_n (Fall 2e). Und zwar könnte mit einer *idealen Wärmearbeitsmaschine* in einem Wärmebehälter Qb_h bei der höheren Temperatur T_h eine negative Änderung des Wärmeinhalts, $\Delta Q_{\text{Qb},h} < 0$, entstehen, während in einem Wärmebehälter Qb_n bei der niederen Temperatur T_n eine positive Änderung des Wärmeinhalts, $\Delta Q_{\text{Qb},n} = -\Delta Q_{\text{Qb},h} \times T_n/T_h > 0$ und in einem Arbeitsbehälter Ab eine positive Änderung des Arbeitsinhalts, $\Delta A_{\text{Ab}} = -\Delta Q_{\text{Qb},h} \cdot (T_h - T_n)/T_h > 0$ eintritt. Insgesamt gilt der I. Hauptsatz der Thermodynamik für diese äußeren Energiebehälter äEb:

$$\Delta Q_{\text{Qb},h} + \Delta Q_{\text{Qb},n} + \Delta A_{\text{Ab}} = \Sigma\, \Delta E_{\text{äEb}} = 0.$$

Auch ein *umgekehrter* reversibler CARNOT-Prozeß ist denkbar. So könnte mit einer *idealen Arbeitskältemaschine* unter Aufwand von Arbeit, $\Delta A_{\text{Ab}} < 0$, und von Wärme bei der niederen Temperatur T_n, $\Delta Q_{\text{Qb},n} < 0$, Wärme bei der höheren Temperatur T_h reversibel synthetisiert werden, $\Delta Q_{\text{Qb},h} > 0$. Praktisch nützt man $\Delta Q_{\text{Qb},n}$ im Kühlschrank aus, $\Delta Q_{\text{Qb},h}$ in der sogenannten *Wärmepumpe*. Mit einer solchen ökonomisch verwertbaren Wärmepumpe wurden in Zürich jahrzehntelang aus der Limmat große Wärmemengen entnommen, und unter Aufwand von elektrischer Arbeit wurden noch größere Wärmemengen bei höherer Temperatur erzeugt und zur Heizung in mehreren Gebäuden verwendet.

Nun kann man sich einen *speziellen* reversiblen CARNOT-Prozeß zwischen einer höheren Temperatur $T_h > 1\,\text{K}$ und der Bezugstemperatur $T_z = 1\,\text{K}$ vorstellen (ähnlich Fall 2e), der „*Bezugs-Carnot-Prozeß*"[2]) genannt werden möge. Damit könnte man mit einer *idealen Wärmearbeitsmaschine* dem Wärmebehälter Qb_h bei der höheren Temperatur T_h eine Wärmemenge entnehmen, $\Delta Q_{\text{Qb},h} < 0$, und diese *reversibel aufspalten* unter Bezugswärmezuwachs im Bezugswärmebehälter Zb, $\Delta Z_{\text{Zb}} > 0$, und unter Arbeitsgewinn im Arbeits-

---

[1]) Die „Abnahme des Arbeitsinhalts" bei allen irreversiblen Vorgängen wurde in der in Fußnote [1]) S. 7, erwähnten Arbeit, später in der Notiz „Die Abnahme des Arbeitsinhalts als Triebfeder der Welt", Sitz.Ber. d. Physikalisch-medizinischen Sozietät zu Erlangen **69** (1937) 207, erörtert. Aber auch hier sind die weiteren Überlegungen wegen der Gleichsetzung von Bezugswärme und Entropie nicht einwandfrei.

[2]) Vgl. Fußnote [2]) auf S. 7.

behälter Ab, $\Delta A_{Ab} > 0$. Oder umgekehrt könnte man mit einer *idealen Arbeitskältemaschine* einen Wärmebetrag bei höherer Temperatur T_h *reversibel synthetisieren*, $\Delta Q_{Qb,h} > 0$, und zwar unter Verbrauch von Bezugswärme, $\Delta Z_{Zb} < 0$, und unter Aufwand von Arbeit, $\Delta A_{Ab} < 0$.

Grundsätzlich wäre sogar zwischen einem Wärmebehälter Qb bei tieferer Temperatur $T < 1\,K$, einem Bezugswärmebehälter Zb sowie einem Arbeitsbehälter Ab ein CARNOT-Prozeß denkbar, indem z. B. ein Bezugswärmebetrag entnommen, $\Delta Z_{Zb} < 0$, und in einen Wärmebetrag, $\Delta Q_{Qb} > 0$, sowie einen Arbeitsbetrag, $\Delta A_{Ab} > 0$, reversibel aufgespalten oder aus letzteren beiden synthetisiert werden kann. Doch dieses interessiert hier nicht.

Eine solche reversible Aufspaltung oder Synthese einer Wärmemenge höherer Temperatur ist prinzipiell immer denkbar. Daher kann man sich vorstellen, daß jede Wärmemenge ΔQ_{Qb} von vornherein *definitionsmäßig* aus einem Bezugswärme-Anteil ΔZ_{Qb} und einem Arbeits-Anteil ΔA_{Qb} besteht[1]) im Sinne von

Wärmemenge $\Delta Q_{Qb} \equiv$ **Bezugswärme-Anteil** ΔZ_{Qb} + **Arbeits-Anteil** ΔA_{Qb}.

Der *definierte Bezugswärme-Anteil* ΔZ_{Qb} in der Wärmemenge ΔQ_{Qb} bei der Temperatur T ist nach

$$\Delta Z_{Qb} \equiv -\Delta Z_{Zb} = \Delta Q_{Qb} \cdot T_z/T \quad \text{mit der Dimension (dim Energie)}$$

gleich dem negativen Wert der *experimentellen* Bezugswärme-Änderung ΔZ_{Zb} im Bezugswärmebehälter Zb bei der reversiblen Aufspaltung oder Synthese der Wärmemenge ΔQ_{Qb}.

Der *definierte Arbeits-Anteil* ΔA_{Qb} in der Wärmemenge ΔQ_{Qb} bei der Temperatur T ist nach

$$\Delta A_{Qb} \equiv -\Delta A_{Ab} = \Delta Q_{Qb} \cdot (T - T_z)/T \quad \text{mit der Dimension (dim Energie)}$$

gleich dem negativen Wert der *experimentellen* Arbeitsänderung ΔA_{Ab} im Arbeitsbehälter Ab bei der reversiblen Aufspaltung oder Synthese der Wärmemenge ΔQ_{Qb}.

Unter Mitverwendung dieser *definierten* Anteile einer Wärmemenge kann man nun zu wichtigen allgemeinen Aussagen über die *Gesamtheit* der *Bezugswärme-Änderungen* und der *Arbeits-Änderungen* bei *reversiblen* und bei *irreversiblen* Vorgängen kommen.

Zunächst möge als einfacher *reversibler* Vorgang der physikalischen Thermodynamik die *reversible Aufspaltung* einer Wärmemenge ΔQ_{Qb} in einem reversiblen Bezugs-CARNOT-Prozeß mit einer idealen Wärmearbeitsmaschine erörtert werden. Wie schon erwähnt, treten hier der experimentelle Betrag $\Delta Z_{Zb} > 0$

---

[1]) Vgl. Fußnote [1]) auf S. 8.

und der damit definierte Anteil $\Delta Z_{Qb} \equiv -\Delta Z_{Zb} < 0$ auf. Damit ergibt sich beim *reversiblen* Aufspaltungsprozeß in den dafür in Betracht kommenden äußeren Energiebehältern äEb eine *Gesamtkonstanz der Bezugswärme*

$$\sum \Delta Z_{\text{äEb}} = \Delta Z_{Zb} + \Delta Z_{Qb} = 0.$$

Ferner erhält man bei diesem *reversiblen* Aufspaltungsprozeß in den dafür in Betracht kommenden äußeren Energiebehältern äEb unter Einbeziehung des definierten Betrags ΔA_{Qb} eine *Gesamtkonstanz* der *Arbeit*

$$\sum \Delta A_{\text{äEb}} = \Delta A_{Ab} + \Delta A_{Qb} = 0.$$

Andererseits möge als einfacher *irreversibler* Vorgang der physikalischen Thermodynamik — statt des schon erwähnten, noch einfacheren Reibungswärmeprozesses bei der Bezugstemperatur T_z — ein *irreversibler Wärmefluß* von höherer zu niederer Temperatur diskutiert werden. Hier erfährt ein Wärmebehälter Qb_h bei der höheren Temperatur T_h eine negative Änderung seines Wärmeinhalts, $\Delta Q_{Qb,h} < 0$, und der Wärmebehälter Qb_n bei der niederen Temperatur T_n eine positive Änderung seines Wärmeinhalts, $\Delta Q_{Qb,n} = -\Delta Q_{Qb,h} > 0$. Daher erhält man bei diesem *irreversiblen* Vorgang der *physikalischen* Thermodynamik in den in Betracht kommenden äußeren Energiebehältern äEb eine *Gesamtzunahme* der *Bezugswärme*

$$\begin{aligned}\Sigma \Delta Z_{\text{äEb}} &= \Delta Z_{Qb,h} + \Delta Z_{Qb,n}\\ &= \Delta Q_{Qb,h} \cdot T_z/T_h + \Delta Q_{Qb,n} \cdot T_z/T_n\\ &= -\Delta Q_{Qb,h} \cdot T_z(T_h - T_n)/(T_h \cdot T_n) > 0.\end{aligned}$$

Ferner ergibt sich bei diesem *irreversiblen* Wärmefluß in den dafür in Betracht kommenden äußeren Energiebehältern äEb, in Qb_h und Qb_n, eine *Gesamtabnahme* der *Arbeit*

$$\begin{aligned}\Sigma \Delta A_{\text{ÄEb}} &= \Delta A_{Qb,h} + \Delta A_{Qb,n}\\ &= \Delta Q_{Qb,h} \cdot (T_h - T_z)/T_h + \Delta Q_{Qb,n} \cdot (T_n - T_z)/T_n\\ &= \Delta Q_{Qb,h} \cdot T_z(T_h - T_n)/(T_h \cdot T_n) = -\Sigma \Delta Z_{\text{äEb}} < 0.\end{aligned}$$

Die vorstehenden Befunde bezüglich der Gesamtänderungen der Bezugswärme und der Arbeit lassen sich bei allen reversiblen bzw. irreversiblen Vorgängen der physikalischen Thermodynamik als gültig nachweisen.

3. Reversible elektrochemische Vorgänge

Die bisherigen Darlegungen bezogen sich auf einfache, leicht verständliche Vorgänge der physikalischen Thermodynamik zwischen zwei bzw. drei äußeren Energiebehältern. Es läßt sich zeigen, daß entsprechende Gesamtaussagen über Bezugswärmeänderungen und Arbeitsänderungen auch für kompliziertere Vorgänge der *chemischen* Thermodynamik gelten. Dies möge an Hand eines reversiblen elektrochemischen Vorgangs erörtert werden (Fall 3a), an einer galvanischen Zelle bestimmter Temperatur T_{St} mit bestimmter Zellspannung $\mathfrak{U}_{St}$ und mit einer oder ohne eine sich ändernde Gasphase von bestimmtem Gasdruck p_{St}. Diese Zelle kann einerseits mit einem äußeren Arbeitsbehälter Ab, der mittels einer Gegenspannung $\mathfrak{U}_{Ab}$ eines Motors oder Generators angeschlossen ist, Arbeit austauschen. Ferner kann ein äußerer Wärmebehälter Qb bestimmter Temperatur T_{Qb} die durch PELTIER-Wärmen erzeugte reversible Wärme isotherm austauschen. Und schließlich kann bei einem sich ändernden Gasvolumen $\Delta V_{St} \neq 0$ die äußere Atmosphäre von bestimmtem Gasdruck p_{Av} als Volumenarbeitsbehälter Av aufgefaßt werden und Volumenarbeit ΔA_{Av} austauschen.

Wenn die spezifischen Intensitätsgrößen im Sinn von

$$\mathfrak{U}_{St} = \mathfrak{U}_{Ab}, \quad T_{St} = T_{Qb}, \quad p_{St} = p_{Av}$$

genau gleich groß sind, besteht allseits *Gleichgewicht*, es findet kein Energieaustausch statt. Wenn aber zwischen einer inneren und der äußeren Intensitätsgröße ein geringer Unterschied entsteht, z. B. im Sinn von $|\mathfrak{U}_{Ab}| < |\mathfrak{U}_{St}|$, wird ein Strom ausgelöst und ein *reversibler Arbeitsübergang* nach außen, $\Delta A_{Ab} > 0$, zustande kommen. Wegen der gegenseitigen Abhängigkeit der inneren Intensitätsgrößen $\mathfrak{U}_{St}$, T_{St} und p_{St} wird so auch ein *reversibler Wärmeaustausch*, $\Delta Q_{Qb,r} \neq 0$, und ein *reversibler Volumenarbeitsaustausch*, $\Delta A_{Av} \neq 0$, erfolgen. Bei dieser von Null verschiedenen Stoffänderung ΔSt $\neq 0$ würde also der I. Hauptsatz der physikalischen Thermodynamik für die äußeren Energiebehälter äEb, für Ab, Qb und Av, nicht gelten, das heißt

$$\Sigma \Delta E_{äEb} = \Delta A_{Ab} + \Delta Q_{Qb} + \Delta A_{Av} \neq 0.$$

Aber mit der Änderung des Stoffsystems ΔSt $\neq 0$ ist auch eine

$$\textit{Änderung der inneren Energie}\ \Delta U_{St} = -\Sigma \Delta E_{äEb} = -\Delta A_{Ab} - \Delta Q_{Qb} - \Delta A_{Av}$$

verbunden. Daher gilt für die Gesamtheit der Energieänderungen in allen beteiligten Energiebehältern Eb

$$\Sigma \Delta E_{Eb} = \Delta U_{St} + \Delta A_{Ab} + \Delta Q_{Qb,r} + \Delta A_{Av} = 0,$$

das heißt, der *I. Hauptsatz der chemischen Thermodynamik* ist hier für einen reversiblen Vorgang in allen beteiligten Energiebehältern Eb *erfüllt*.

Da im besonderen bei einem Kreisprozeß, bei $\mathring{\Sigma}\,\Delta \mathrm{St} = 0$, für die äußeren Energiebehälter äEb der I. Hauptsatz der physikalischen Thermodynamik gültig wäre, d. h. $\mathring{\Sigma}\,\Delta E_{\text{äEb}} = 0$, wäre nach obiger Beziehung auch $\Delta U_{\text{St}} = -\mathring{\Sigma}\,\Delta E_{\text{äEb}} = 0$, anders ausgedrückt $\Sigma\,\Delta U_{\text{St}} = 0$. Dies ist aber eine hinreichende und notwendige Bedingung dafür, daß die innere Energie U_{St} eine „*Zustandsgröße*" des Stoffsystems ist, d. h. eine Änderung $\Delta U_{\text{St}} = U_{\text{St,Ende}} - U_{\text{St,Anfang}}$ hängt nicht vom Weg, von der Art des Übergangs vom Anfangszustand $\mathrm{St}_{\text{Anfang}}$ zum Endzustand $\mathrm{St}_{\text{Ende}}$ ab, z. B. ob er reversibel oder irreversibel erfolgt.

Es gibt noch *andre Zustandsgrößen* des Stoffsystems. Manche hängen mit oben vorkommenden Energiebeträgen zusammen, obgleich dies für die hier interessierenden Überlegungen nicht bedeutsam ist. So gilt z. B. bei einem isothermen Vorgang $\Delta Q_{\text{Qb},r} = -T_{\text{St}} \cdot \Delta S_{\text{St}}$, bei einem isobaren Vorgang $\Delta A_{\text{Av}} = p_{\text{St}} \cdot \Delta V_{\text{St}}$, bei einem isothermen und isobaren Vorgang $\Delta A_{\text{Ab}} = -\Delta G_{\text{St}}$, wobei die „freie Enthalpie" $G_{\text{St}} \equiv U_{\text{St}} - T_{\text{St}} \cdot S_{\text{St}} + p_{\text{St}} \cdot V_{\text{St}}$ ist. Wenn keine Volumenänderung vorliegt, bei $\Delta V_{\text{St}} = 0$ (Fall 3b), verwendet man die „freie Energie" $F_{\text{St}} \equiv U_{\text{St}} - T_{\text{St}} \cdot S_{\text{St}}$.

Wichtig ist nun hier, daß bei dem erörterten reversiblen elektrochemischen Vorgang mit der von Null verschiedenen reversiblen Wärme $\Delta Q_{\text{Qb},r} \neq 0$ auch eine von Null verschiedene Änderung ihres *Bezugswärme-Anteils* verbunden ist

$$\Delta Z_{\text{Qb},r} = \Delta Q_{\text{Qb},r} \cdot T_z/T \neq 0.$$

Daher wäre hier im Sinn von $\Sigma\,\Delta Z_{\text{äEb}} = \Delta Z_{\text{Qb},r} \neq 0$ die Aussage des II. Hauptsatzes der physikalischen Thermodynamik über die Bezugswärme-Konstanz bei reversiblen Vorgängen nicht erfüllt. Man kann aber der Änderung des Stoffsystems, als Anteil der Änderung der inneren Energie ΔU_{St}, eine

$$\textit{Änderung}\ \text{des}\ \textit{Bezugswärme-Anteils}\ \ \Delta Z_{\text{St}} \equiv -\Delta Z_{\text{Qb},r} \neq 0$$

zuordnen. Dann ergibt sich für die *Gesamtheit* der *Änderungen* der *Bezugswärme* in allen bei diesem *reversiblen* Vorgang dafür in Betracht kommenden Energiebehältern Eb, in St und in Qb,

$$\Sigma\,\Delta Z_{\text{Eb}} = \Delta Z_{\text{St}} + \Delta Z_{\text{Qb},r} = 0.$$

Mit anderen Worten, es gilt bei diesem *reversiblen* Vorgang die Aussage des *II. Hauptsatzes* der *chemischen* Thermodynamik über die *Gesamtkonstanz* der *Bezugswärme* bei *reversiblen* Vorgängen.

Auch für den Bezugswärme-Anteil ΔZ_{St} an ΔU_{St} läßt sich, wie oben mit einem reversiblen Kreisprozeß, der Charakter als Zustandsgröße des Stoffsystems nachweisen.

Schließlich kann man im Sinn der obigen Auffassungen für die reversible Wärme $\Delta Q_{Qb,r} \neq 0$ auch einen

$$\textit{Arbeits-Anteil} \quad \Delta A_{Qb,r} = \Delta Q_{Qb,r} \cdot (T - T_z)/T = \Delta Q_{Qb,r} - \Delta Z_{Qb,r} \neq 0$$

festlegen. Damit wäre im Sinn von $\Sigma \Delta A_{äEb} = \Delta A_{Qb,r} + \Delta A_{Ab} + \Delta A_{Av} \neq 0$ die Aussage des II. Hauptsatzes der physikalischen Thermodynamik über die Gesamtkonstanz der Arbeitsbeträge in den äußeren Energiebehältern bei reversiblen Vorgängen nicht erfüllt.

Man kann aber auch für die Änderung der inneren Energie ΔU_{St}, außer dem schon erwähnten Bezugswärme-Anteil ΔZ_{St}, auch noch einen *Arbeits-Anteil* $\Delta A_{St,d}$ definitionsmäßig festlegen und zwar mittels ΔU_{St}, und ΔZ_{St} sowie wegen $\Delta Z_{St} = -\Delta Z_{Qb,r}$ nach

$$\Delta A_{St,d} \equiv \Delta U_{St} - \Delta Z_{St} = \Delta U_{St} + \Delta Z_{Qb,r}.$$

Dann ergibt sich bei diesem *reversiblen* Vorgang für die *Gesamtheit* der *Arbeitsbeträge* in allen beteiligten Energiebehältern Eb

$$\begin{aligned}\Sigma \Delta A_{Eb} &= \Delta A_{St,d} + \Delta A_{Qb,r} + \Delta A_{Av} + \Delta A_{Ab} \\ &= (\Delta U_{St} + \Delta Z_{Qb,r}) + (\Delta Q_{Qb,r} - \Delta Z_{Qb,r}) + \Delta A_{Av} + \Delta A_{Ab} \\ &= \Delta U_{St} + \Delta Q_{Qb,r} + \Delta A_{Av} + \Delta A_{Ab}.\end{aligned}$$

Die Ausdrücke auf der rechten Seite der Gleichung ergeben zusammengenommen nach dem I. Hauptsatz der chemischen Thermodynamik *Null*. Also gilt dies auch für die linke Seite, d. h.

$$\Sigma \Delta A_{Eb} = \Delta A_{St,d} + \Delta A_{Qb,r} + \Delta A_{Av} + \Delta A_{Ab} = 0.$$

Mit anderen Worten ist in dem hier erörterten *reversiblen* elektrochemischen Vorgang die Aussage des *II. Hauptsatzes der chemischen Thermodynamik* über die Arbeitsbeträge, einschließlich den definierten Anteilen, für *reversible* Vorgänge im Sinn einer *Gesamtkonstanz* der *Arbeit* erfüllt.

Auch für den Arbeits-Anteil $\Delta A_{St,d}$ in ΔU_{St} läßt sich, wie oben mittels eines reversiblen Kreisprozesses, der Charakter als Zustandsgröße des Stoffsystems beweisen.

Die vorstehenden Erörterungen gingen von der Annahme aus, daß die Gegenspannung $\mathfrak{U}_{Ab}$ zahlenmäßig geringfügig kleiner sei als die Zellspannung $\mathfrak{U}_{St}$, so daß reversibel ein positiver Betrag $\Delta A_{Ab} > 0$ auftritt. Man sagt, daß die dabei stattfindende Stoffumwandlung „*freiwillig*" sei und eine *positive* „*Affinität*" habe. Man hätte auch von der umgekehrten Annahme, von $|\mathfrak{U}_{\mathrm{Ab}}| > |\mathfrak{U}_{\mathrm{St}}|$, ausgehen können. Dann wäre ein negativer Betrag $\Delta A_{\mathrm{Ab}} < 0$ zustande gekommen, die entgegengesetzte „*unfreiwillige*" Stoffumwandlung mit einer *negativen Affinität* wäre verlaufen, bei der ein äußerer Arbeitsbehälter Ab zur Lieferung von Arbeit erforderlich ist. Auch bei ihrem reversiblen Verlauf würde die Gesamtkonstanz von Bezugswärme und von Arbeit gelten.

Die bei der erörterten freiwilligen Stoffumwandlung weiterhin vorkommenden Beträge der reversiblen Wärme $\Delta Q_{\mathrm{Qb},r}$ und der Volumenarbeit ΔA_{Av} wurden wegen der leichteren Übersichtlichkeit im Sinn eines positiven Vorzeichens diskutiert und in den späteren Tabellen graphisch dargestellt. Sie können aber, je nach Art der Stoffumwandlung, auch negatives Vorzeichen haben. Demzufolge gilt dies auch für eine unfreiwillige Stoffumwandlung.

Die vorstehenden Darlegungen bezogen sich auf eine Stoffumwandlung mit einer von Null verschiedenen Volumenänderung $\Delta V_{\mathrm{St}} \neq 0$, womit also ein von Null verschiedener Volumenarbeitsbetrag $\Delta A_{\mathrm{Av}} \neq 0$ mit einem Volumenarbeitsbehälter ausgetauscht wird. Man kann sich aber auch reversible elektrochemische Vorgänge vorstellen, bei denen keine Volumenänderung eintritt, $\Delta V_{\mathrm{St}} = 0$, also auch kein Volumenarbeitsbetrag ΔA_{Av} vorkommt. Mit Ausnahme des Fortfalls dieses Ausdrucks bleiben aber die vorstehenden Überlegungen und Gleichungen unverändert, was auch in der graphischen Darstellung von Fall 3b erkennbar ist.

4. Irreversible chemische Vorgänge

Bei dem vorausgehend diskutierten reversiblen Ablauf einer freiwilligen elektrochemischen Stoffumwandlung war als Voraussetzung ein geringfügiges Überwiegen der Zellspannung $|\mathfrak{U}_{\mathrm{St}}|$ über die Gegenspannung $|\mathfrak{U}_{\mathrm{Ab}}|$ angenommen worden. Dies kann aber (Fall 4a) bis zum Extrem gesteigert werden, indem überhaupt kein äußerer Arbeitsbehälter verwendet wird, sondern z. B. die Pole der galvanischen Zelle an einen elektrischen Widerstand angeschlossen werden. Wenn dieser mit dem äußeren Wärmebehälter Qb im Wärmekontakt ist, kann im Grenzfall die irreversibel erzeugte JOULEsche Wärme isotherm an Qb abgegeben werden. Diese positive irreversible Wärme ist dann gleich groß wie die reversibel erzeugte äußere Arbeit:

$$\textit{irreversible Wärme}\ \Delta Q_{\mathrm{Qb},i} = \Delta A_{\mathrm{Ab}} = -\Delta G_{\mathrm{St}} > 0.$$

Einfacher verläuft aber eine freiwillige Stoffumwandlung irreversibel im allgemeinen wie eine chemische Reaktion, ohne den Umweg über eine galvanische Zelle. Dann wird die der positiven Affinität $\Delta A_{\mathrm{Ab}} > 0$ gleich große irreversible Wärme $\Delta Q_{\mathrm{Qb},i}$ im Stoffsystem selbst erzeugt und kann so dem angekoppelten Wärmebehälter Qb im Grenzfall isotherm zugeführt werden. Dies möge nachstehend zunächst unter der Annahme einer von Null verschiedenen Volumenänderung $\Delta V_{\mathrm{St}} \neq 0$ und eines damit zusammenhängenden Volumenarbeitsbetrages $\Delta A_{\mathrm{Av}} \neq 0$ diskutiert werden.

Bei einem solchen *irreversiblen* Vorgang tritt im isotherm angekoppelten äußeren Wärmebehälter Qb, außer der schon erwähnten irreversiblen Wärme $\Delta Q_{\mathrm{Qb},i}$, die schon beim reversiblen Vorgang vorkommende

$$\textit{reversible Wärme}\quad \Delta Q_{\mathrm{Qb},r} = -T_{\mathrm{St}} \cdot \Delta S_{\mathrm{St}} \neq 0$$

auf, und zwar, wegen ihres Zusammenhanges mit den Zustandsgrößen T_{St} und ΔS_{St} des Stoffsystems, in gleicher Größe wie beim reversiblen Verlauf. Je nach der Art der Stoffumwandlung kann $\Delta Q_{\mathrm{Qb},r}$, wie auch schon erwähnt, positives oder negatives Vorzeichen haben. Die irreversible und die reversible Wärme zusammengenommen bilden die im Wärmebehälter auftretende

$$\textit{irreversible Wärmetönung}\quad \mathfrak{W} = \Delta Q_{\mathrm{Qb},i} + \Delta Q_{\mathrm{Qb},r}.$$

Wenn der immer positive Betrag $\Delta Q_{\mathrm{Qb},i}$ gegenüber dem je nachdem positiven oder negativen Betrag $\Delta Q_{\mathrm{Qb},r}$ überwiegt, ist $\mathfrak{W}$ positiv. Nur wenn $\Delta Q_{\mathrm{Qb},r}$ negativ und zahlenmäßig größer ist als $\Delta Q_{\mathrm{Qb},i}$, ist auch $\mathfrak{W}$ negativ. Im ersten Fall nennt man die betreffende Stoffumwandlung „*exotherm*", im zweiten Fall „*endotherm*". Bekanntlich ist die irreversible Wärmetönung $\mathfrak{W}$ nach

$$\mathfrak{W} = -\Delta H_{\mathrm{St}} = -\Delta U_{\mathrm{St}} - p_{\mathrm{St}} \cdot \Delta V_{\mathrm{St}}$$

gleich dem negativen Wert der Änderung der „Enthalpie", auch einer Zustandsgröße des Stoffsystems.

Wichtig für die hier verfolgten Überlegungen ist nun, daß im Sinn der dargelegten Auffassungen nicht nur, wie schon diskutiert, in der reversiblen Wärme $\Delta Q_{\mathrm{Qb},r}$, sondern auch in der irreversiblen Wärme $\Delta Q_{\mathrm{Qb},i}$ Bezugswärme-Anteile und Arbeits-Anteile enthalten sind:

$$\textit{irreversible Wärme}\ \Delta Q_{\mathrm{Qb},i} \equiv \textit{Bezugswärmeanteil}\ \Delta Z_{\mathrm{Qb},i} + \textit{Arbeitsanteil}\ \Delta A_{\mathrm{Qb},i},$$

wobei

$$\begin{aligned}\textit{Bezugswärmeanteil}\ \Delta Z_{\mathrm{Qb},i} &\equiv \Delta Q_{\mathrm{Qb},i} \cdot T_z/T_{\mathrm{St}} = \Delta A_{\mathrm{Ab}} \cdot T_z/T_{\mathrm{St}}\\ &= -\Delta G_{\mathrm{St}} \cdot T_z/T_{\mathrm{St}} > 0,\end{aligned}$$

$$\textit{Arbeitsanteil}\ \Delta A_{\mathrm{Qb},i} \equiv \Delta Q_{\mathrm{Qb},i} \cdot (T_{\mathrm{St}} - T_z)\, T_{\mathrm{St}} = -\Delta G_{\mathrm{St}} \cdot (T_{\mathrm{St}} - T_z)/T_{\mathrm{St}} > 0.$$

Damit kann man für diese *irreversibel* verlaufende freiwillige chemische Reaktion die *Gesamtheit* der *Bezugswärme-Änderungen* in allen beteiligten

Energiebehältern Eb ermitteln, wo solche vorkommen, also in St und Qb:

$$\Sigma \Delta Z_{\mathrm{Eb}} = \Delta Z_{\mathrm{St}} + \Delta Z_{\mathrm{Qb},r} + \Delta Z_{\mathrm{Qb},i}.$$

Berücksichtigt man die schon erörterte Aussage des II. Hauptsatzes der chemischen Thermodynamik über die Bezugswärmen bei reversiblem Ablauf $\Sigma \Delta Z_{\mathrm{Eb}} = \Delta Z_{\mathrm{St}} + \Delta Z_{\mathrm{Qb},r} = 0$, dann bleibt in der Aussage über den irreversiblen Ablauf übrig

$$\Sigma \Delta Z_{\mathrm{Eb}} = \Delta Z_{\mathrm{Qb},i} = -\Delta G_{\mathrm{St}} \cdot T_z/T_{\mathrm{St}} > 0.$$

Mit anderen Worten, es gilt für diesen *irreversiblen* Verlauf einer freiwilligen chemischen Reaktion die Aussage des *II. Hauptsatzes der chemischen Thermodynamik* über die *Gesamtheit* der *Bezugswärmen* bei *irreversiblen* Vorgängen in Form einer *Gesamtzunahme* der *Bezugswärme*.

Ferner erhält man für diesen irreversiblen Verlauf der freiwilligen chemischen Reaktion für die *Gesamtheit* der *Arbeitsbeträge* in allen beteiligten Energiebehältern Eb, einschließlich den definierten Arbeitsanteilen $\Delta A_{\mathrm{St},d}$ in ΔU_{St}, $\Delta A_{\mathrm{Qb},r}$ in $\Delta Q_{\mathrm{Qb},r}$, $\Delta A_{\mathrm{Qb},i}$ in $\Delta Q_{\mathrm{Qb},i}$:

$$\Sigma \Delta A_{\mathrm{Eb}} = \Delta A_{\mathrm{St},d} + \Delta A_{\mathrm{Qb},r} + \Delta A_{\mathrm{Qb},i} + \Delta A_{\mathrm{Av}}.$$

Subtrahiert man hiervon die entsprechende reversible Aussage

$$\Sigma \Delta A_{\mathrm{Eb}} = \Delta A_{\mathrm{St},d} + \Delta A_{\mathrm{Qb},r} + \Delta A_{\mathrm{Ab}} + \Delta A_{\mathrm{Av}} = 0,$$

dann folgt mittels $\Delta A_{\mathrm{Ab}} = -\Delta G_{\mathrm{St}}$ und $\Delta A_{\mathrm{Qb},i} = -\Delta G_{\mathrm{St}}(T_{\mathrm{St}} - T_z)/T_{\mathrm{St}}$

$$\begin{aligned}\Sigma \Delta A_{\mathrm{Eb}} &= \Delta A_{\mathrm{Qb},i} - \Delta A_{\mathrm{Ab}} \\ &= -\Delta G_{\mathrm{St}} \cdot (T_{\mathrm{St}} - T_z)/T_{\mathrm{St}} + \Delta G_{\mathrm{St}} = \Delta G_{\mathrm{St}} \cdot T_z/T_{\mathrm{St}} < 0.\end{aligned}$$

Mit anderen Worten, es gilt für diese irreversibel verlaufende freiwillige chemische Reaktion die Aussage des *II. Hauptsatzes der chemischen Thermodynamik* über die *Gesamtheit* der *Arbeitsbeträge* bei *irreversiblen* Vorgängen in Form der *Gesamtabnahme* der *Arbeit*. Diese ist nach

$$\Sigma \Delta A_{\mathrm{Eb}} = -\Sigma \Delta Z_{\mathrm{Eb}} < 0$$

ebenso groß wie der negative Wert der Gesamtzunahme der Bezugswärme.

Die vorstehenden Überlegungen zu einer irreversiblen freiwilligen chemischen Reaktion *mit* einer Volumenänderung $\Delta V_{\mathrm{St}} \neq 0$ bleiben bis auf den Fortfall des Volumenarbeitsbetrages ΔA_{Ab} dieselben für eine irreversible freiwillige chemische Reaktion *ohne* Volumenänderung, bei $\Delta V_{\mathrm{St}} = 0$. (Vgl. Fall 4b.)

5. Thermodynamische Gesamtaussagen über Arbeit, Bezugswärme und Entropie

Bei den vorstehenden Erläuterungen reversibler und irreversibler Vorgänge haben sich die Aussagen des II. Hauptsatzes der physikalischen und der chemischen Thermodynamik über die Gesamtheit der Bezugswärmebeträge und der Arbeitsbeträge in allen in Betracht kommenden Energiebehältern, also unter Berücksichtigung der geschilderten Definitionen, wie folgt ergeben:

Reversible Vorgänge: *Gesamtkonstanz* der *Bezugswärme* $\Sigma\, \Delta Z_{\mathrm{Eb}} = 0$,

Gesamtkonstanz der *Arbeit* $\Sigma\, \Delta A_{\mathrm{Eb}} = 0$,

Irreversible Vorgänge: *Gesamtzunahme* der *Bezugswärme* $\Sigma\, \Delta Z_{\mathrm{Eb}} > 0$,

Gesamtabnahme der *Arbeit* $\Sigma\, \Delta A_{\mathrm{Eb}} = -\Sigma\, \Delta Z_{\mathrm{Eb}} < 0$.

Zur *Veranschaulichung* sind diese Energiebeträge in der folgenden Tabelle (S. 20) für einige reversible und irreversible Vorgänge der physikalischen (2a, 2b, 2c, 2d, 2e, 2f), elektrochemischen (3a, 3b) und chemischen (4a, 4b) Thermodynamik *graphisch dargestellt*[1]). Bei jedem Übergang vom Anfangszustand links (Pfeile nach unten) zum Endzustand rechts (Pfeile nach oben) zeigen die *schraffierten* Flächen der *Bezugswärmemengen* bei den *reversiblen* Vorgängen insgesamt *Konstanz*, bei den *irreversiblen* Vorgängen insgesamt eine *Zunahme*. Die *nicht schraffierten* Flächen der *Arbeitsbeträge* weisen bei den *reversiblen* Vorgängen insgesamt ebenfalls eine *Konstanz*, dagegen bei den *irreversiblen* Vorgängen eine *Abnahme* auf. Für einen ersten Überblick sind vielleicht diese graphischen Darstellungen ausreichend, auch ohne daß die bei den Ableitungen benutzten Gleichungen verwendet werden.

Noch anschaulicher lassen sich die obigen Aussagen des II. Hauptsatzes machen, wenn man von einem zusätzlichen Gedankenversuch Gebrauch macht. Im Prinzip kann man nämlich zunächst die etwa eingetretene Stoffänderung $\Delta \mathrm{St}$ bis zur Wiedererreichung von $\mathrm{St}_{\mathrm{Anfang}}$ reversibel rückgängig machen. Hierbei tritt an den Anfangsergebnissen $\Sigma\, \Delta Z_{\mathrm{Eb}} \geqq 0$ und $\Sigma\, \Delta A_{\mathrm{Eb}} \leqq 0$ keine Änderung ein. Wohl aber verbleiben insgesamt ggf. $\Delta Q_{\mathrm{Qb}} > 0$ und $\Delta A_{\mathrm{Ab}} < 0$. Wird nun ggf. $\Delta Q_{\mathrm{Qb}} > 0$ mit einem Bezugs-Carnot-Prozeß reversibel beseitigt, dann bleiben die mit dem Ergebnis des ursprünglichen

[1]) Die Größen ΔA_{Av} und $\Delta Q_{\mathrm{Qb},r}$ in den Vorgängen 3a, 3b, 4a, 4b können je nach der Art der Stoffumwandlung positiv oder negativ sein. Zur leichteren Übersichtlichkeit wurden positive Werte graphisch dargestellt.

reversiblen oder irreversiblen Vorgangs thermodynamisch gleichwertigen Änderungen

im *Bezugswärmebehälter* Zb: $\Delta Z_{\mathrm{Zb}} = \Sigma\, \Delta Z_{\mathrm{Eb}}$ und

im *Arbeitsbehälter* Ab: $\Delta A_{\mathrm{Ab}} = \Sigma\, \Delta A_{\mathrm{Eb}} = -\Delta Z_{\mathrm{Zb}} = -\Sigma\, \Delta Z_{\mathrm{Eb}}$

übrig. Bei einem *reversiblen* Ursprungsvorgang sind diese reduzierten Änderungen im Bezugswärmebehälter Zb und im Arbeitsbehälter Ab gleich *Null.* Und bei einem *irreversiblen* Ursprungsvorgang ist die *Bezugswärmezunahme* $\Delta Z_{\mathrm{Zb}} > 0$ zusammen mit dem *Arbeitsverlust* $\Delta A_{\mathrm{Ab}} = -\Delta Z_{\mathrm{Zb}} < 0$ thermodynamisch gleichbedeutend mit dem Ergebnis eines anschaulichen *irreversiblen Reibungswärmeprozesses* bei der *Bezugstemperatur* $T_z = 1$ K.

Diese Reduzierung auf $\Delta Z_{\mathrm{Zb}} = -\Delta A_{\mathrm{Ab}}$ ist die wohl anschaulichste allgemeingültige und korrekte Deutung des II. Hauptsatzes der physikalischen und der chemischen Thermodynamik für alle reversiblen und irreversiblen Vorgänge.

Eine *Umkehrung* irreversibler Vorgänge der physikalischen und der chemischen Thermodynamik ist ebenso *unmöglich* wie im reduzierten Fall eine Umwandlung von Bezugswärme in Arbeit im Sinne von $\Delta Z_{\mathrm{Zb}} = -\Delta A_{\mathrm{Ab}} < 0$. Dies ist der Inhalt des sogenannten *Theorems von* KELVIN. Wäre dies doch möglich, dann könnte man Wärme niederer Temperatur in Arbeit und diese dann in Wärme höherer Temperatur verwandeln, was nach dem *Theorem von* CLAUSIUS ebenfalls unmöglich ist.

Von den vorstehenden, *verständlich* zu machenden *Gesamtaussagen* zur *Bezugswärme* ausgehend, kann man zu entsprechenden *Formalismen* bezüglich der *Gesamt-Entropie* kommen. Man wendet hierbei die bekannte Beziehung $\Delta S = \Delta Q/T$ zwischen einer Wärmemenge ΔQ und der entsprechenden Entropie ΔS auf die Bezugstemperatur T_z an und gelangt zur Beziehung[1])

$$\Delta S = \Delta Z/T_z, \text{ Dimension (dim Energie/Temperatur)},$$

zwischen einer Bezugswärmemenge ΔZ und der zugehörigen Entropie ΔS. Damit kann man aus den anschaulichen Gesamtaussagen des II. Hauptsatzes zur Bezugswärme die Formalismen zur *Gesamtheit* der *Entropie-Änderungen*

---

[1]) Die dimensionsrichtige Beziehung zwischen der Wärme Q_S bei der Standardtemperatur 1 K und der entsprechenden Entropie S wurde bei R. P. FEYNMAN, Lectures on Physics, Addison-Wesley Publishing Company 1963, 44—10 erörtert. Dagegen hat JOB in seiner Schrift „Neudarstellung der Wärmelehre, die Entropie als Wärme", Akademische Verlagsgesellschaft Ffm, 1972, den nicht einwandfreien Untertitel „Die Entropie als Wärme" verwendet.

in allen beteiligten Energiebehältern erhalten:

Reversibel: $\Sigma\, \Delta S_{\mathrm{Eb}} = \Sigma\, \Delta Z_{\mathrm{Eb}}/T_z = 0$, d. h. *Konstanz* der *Gesamtentropie*,

Irreversibel: $\Sigma\, \Delta S_{\mathrm{Eb}} = \Sigma\, \Delta Z_{\mathrm{Eb}}/T_z > 0$, d. h. *Zunahme* der *Gesamtentropie*.

Eine Gesamtabnahme der Entropie wäre unmöglich.

Die hier abgeleiteten *Entropie-Aussagen* gehören zu den wohlbekannten Grundlagen der Thermodynamik, aus denen sich die umfangreichen weiteren Aussagen dieses Gebietes ergeben. Will man aber den *Sinn* der Grundlagen *veranschaulichen*, dann bietet sich der obige Zusammenhang mit den entsprechenden *Gesamtaussagen zur Bezugswärme* an.

Ein solcher Zusammenhang kann hergeleitet werden, wenn man die bekannte Beziehung der Gesamtentropiezunahme bei einfachen irreversiblen Vorgängen zu einem überschaubaren Verhältnis W_e/W_a der Endwahrscheinlichkeit W_e zur Anfangswahrscheinlichkeit W_a umwandelt. Mit der sogenannten BOLTZMANNschen Konstante $k = 1{,}38 \cdot 10^{-23}\,\mathrm{J} \cdot \mathrm{grd}^{-1}$ pflegt man zu schreiben:

$$\Delta S = k \cdot \ln W_e/W_a = 1{,}38 \cdot 10^{-23}\,\mathrm{J} \cdot \mathrm{grd}^{-1} \cdot \ln W_e/W_a\,.$$

Mit der obigen Beziehung $\Delta S = \Delta Z/T_z$ ergibt sich die entsprechende Beziehung zwischen der anschaulichen Bezugswärmezunahme ΔZ_{Zb} bei einem einfachen irreversiblen Vorgang und dem Wahrscheinlichkeitsverhältnis W_e/W_a

$$\Delta Z_{\mathrm{Zb}} = k \cdot T_z \cdot \ln W_e/W_a = 1{,}38 \cdot 10^{-23}\,\mathrm{J} \cdot \mathrm{grd}^{-1} \cdot T_z \cdot \ln W_e/W_a\,.$$

Da sich grd^{-1} und T_z herausheben, erhält man dimensionsrichtig

$$\Delta Z_{\mathrm{Zb}} = 1{,}38 \cdot 10^{-23}\,\mathrm{J} \cdot \ln W_e/W_a\,.$$

Als *anschauliches Kennzeichen der Irreversibilität* kann man die *Gesamtzunahme der Bezugswärme* oder die *Gesamtabnahme des Arbeitsinhalts* in allen Energiebehältern oder die reduzierte *Zunahme* der *Bezugswärme* in einem *Bezugswärmebehälter* als Folge eines *Arbeitsverlustes* bei der *irreversiblen Reibungswärme* bei der *Bezugstemperatur* $T_z = 1\,\mathrm{K}$ verwenden. In einem einfachen Fall kann man das überschaubare Verhältnis W_e/W_a der Endwahrscheinlichkeit W_e zur Anfangswahrscheinlichkeit W_a benutzen.

Graphische Darstellung thermodynamischer Energien

1. Symbole

A = Arbeit, Q = Wärme, Z = Bezugswärme bei $T = 1$ K, S = Entropie, Ab = Arbeitsbehälter, Av = Volumenarbeitsbehälter, Qb = Wärmebehälter, Zb = Bezugswärmebehälter bei 1 K, St = Stoffsystem. Zur leichteren Veranschaulichung wurden Qb und St nahe oberhalb 1 K gewählt. Nicht schraffierte Flächen bedeuten Arbeitsbeträge oder -anteile. Schraffierte Flächen bedeuten Bezugswärmebeträge oder -anteile.

2. Vorgänge der physikalischen Thermodynamik

2a. Irreversible Umwandlung von Arbeit in Bezugswärme

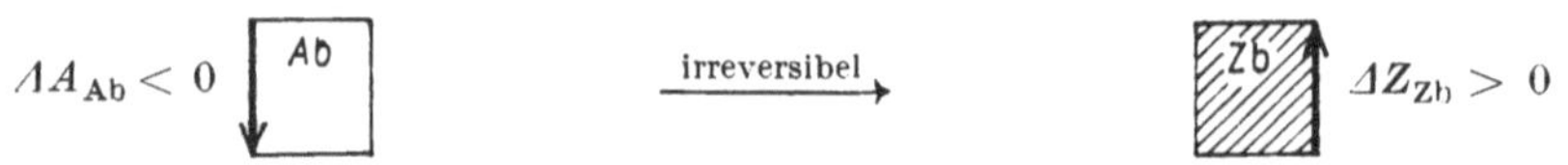

2b. Aufspaltung von Wärme in Arbeit und Bezugswärme

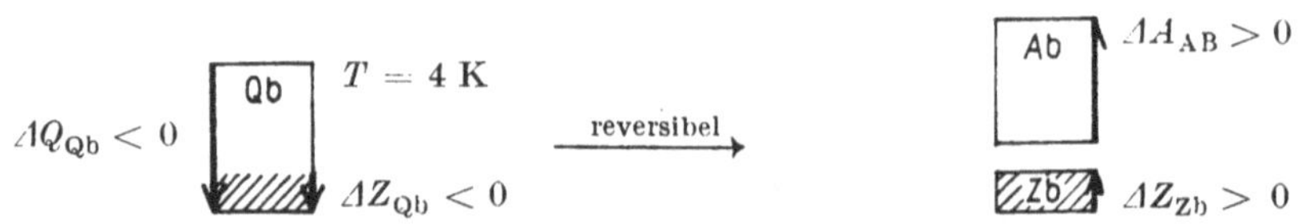

2c. Irreversibler Wärmefluß von $T = 4$ K zu $T = 1$ K

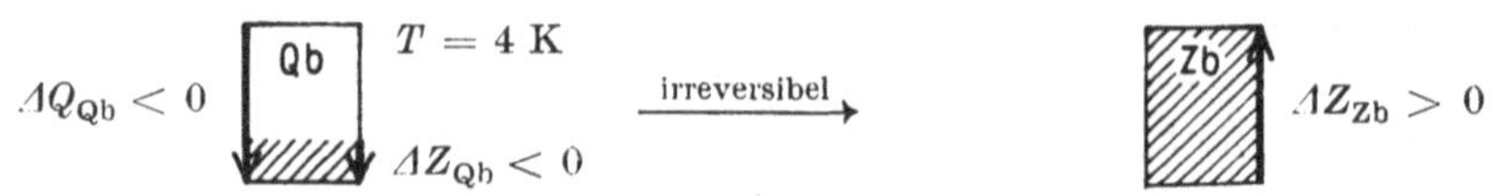

2d. Irreversible Umwandlung von Arbeit in Wärme $T = 2$ K

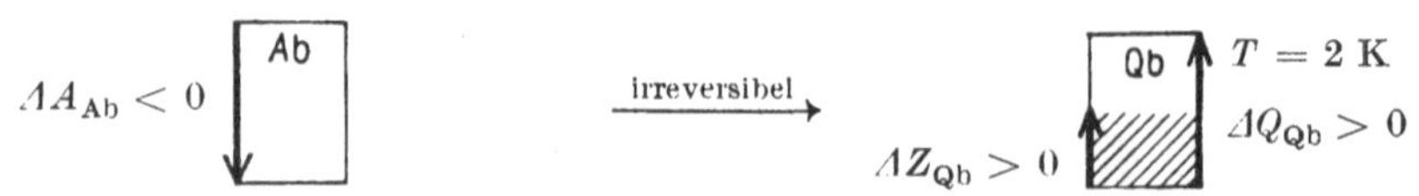

2e. Aufspaltung von Wärme $T = 4$ K in Arbeit und Wärme $T = 2$ K

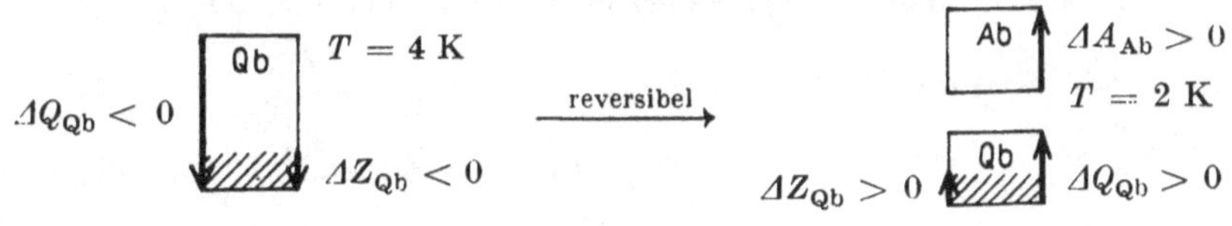

2f. Irreversibler Wärmefluß von $T = 4$ K zu $T = 2$ K

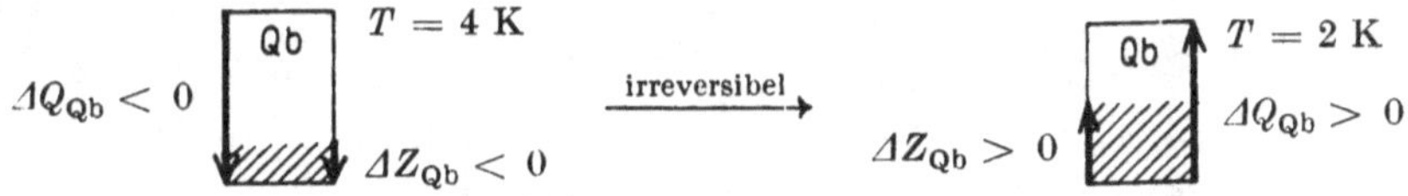

3. Reversible Vorgänge der elektrochemischen Thermodynamik

3a. Reversibler elektrochemischer Vorgang mit Volumenänderung

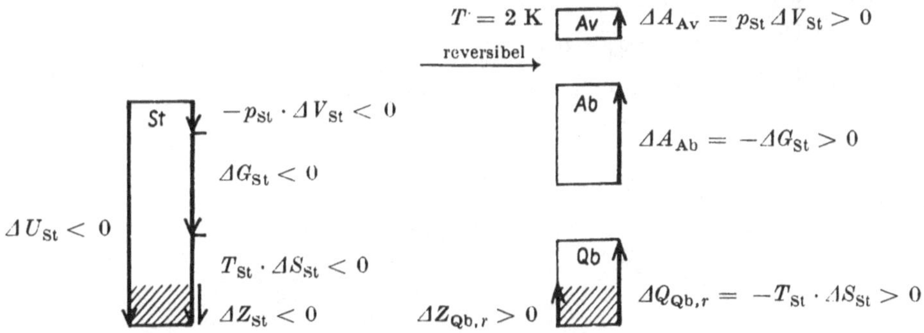

3b. Reversibler elektrochemischer Vorgang ohne Volumenänderung

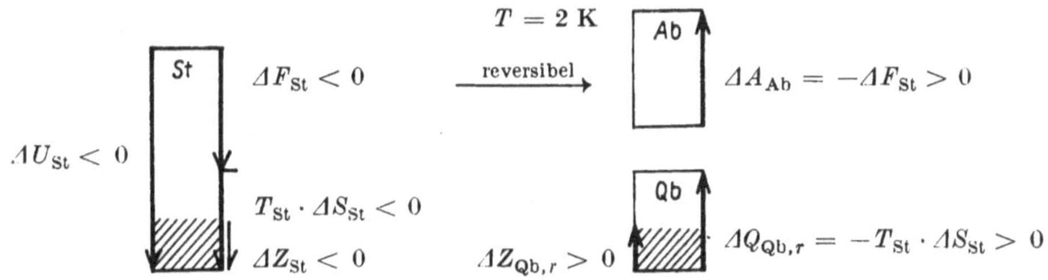

4. Irreversible Vorgänge der chemischen Thermodynamik

4a. Irreversible chemische Reaktion mit Volumenänderung

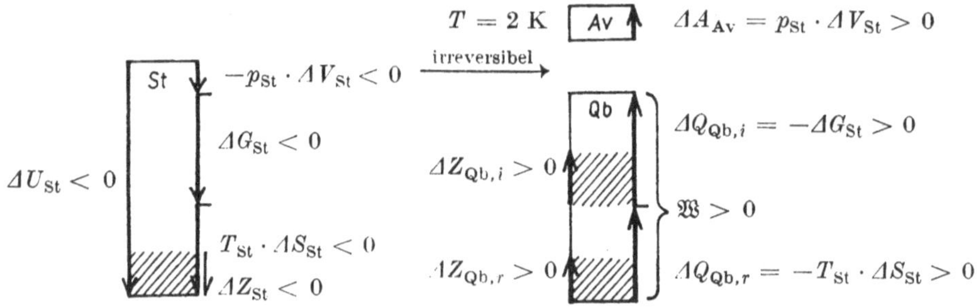

4b. Irreversible chemische Reaktion ohne Volumenänderung

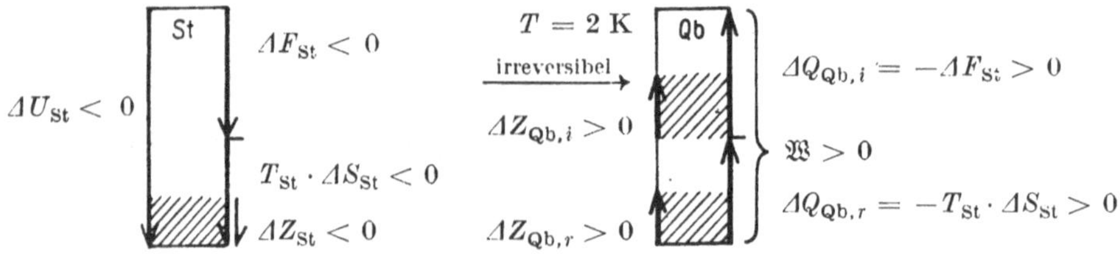

SITZUNGSBERICHTE DER SÄCHSISCHEN AKADEMIE DER WISSENSCHAFTEN ZU LEIPZIG

MATHEMATISCH-NATURWISSENSCHAFTLICHE KLASSE

Band 107

Heft 1 Prof. Dr. OTT-HEINRICH KELLER, Die Homologiegruppen der Flächen 3. Ordnung
1965. 15 Seiten – 8° – M 2,30

Heft 2 Prof. Dr. FRANZ RUNGE, Grignard und die nach ihm benannte Synthese
1966. 17 Seiten – 3 Abbildungen – 8° – M 2,30

Heft 3 Prof. Dr. KARL SCHMALFUSS, Zur Kenntnis der Bodenbildung
1966. 13 Seiten – 4 Tabellen – 8° – M 1,40

Heft 4 Dr. BODO RENSCHUCH, Verallgemeinerungen des Bezoutschen Satzes
1966. 41 Seiten – 8° – M 4,50

Heft 5 Prof. Dr. med. ROLF EMMRICH, Realität und Theorie des Alterns
1966. 20 Seiten – 9 Abbildungen – 8° – M 2,60

Heft 6 Prof. Dr. WILHELM MAIER, Nichteuklidische Volumina
1967. 20 Seiten – 16 Abbildungen – 8° – M 2,80

Heft 7 Dr. LOTHAR VON WOLFERSDORF, Zur Berechnung optimaler Strategien für Spiele über dem Einheitsquadrat mit an der Hauptdiagonalen unstetigen Auszahlungsfunktionen
1968. 53 Seiten – 8° – M 5,70

Band 108

Heft 1 Prof. Dr. PAUL GÖRLICH / Dipl. Phys. DETLEF GÜLDNER / Dr. HANS-JOACHIM POHL, „Elektronische Spektralmessung" mit steuerbaren Photovervielfachern
1967. 12 Seiten – 9 Abbildungen – 1 Tabelle – 8° – M 2,10

Heft 2 Prof. Dr. MANFRED GERSCH, Neuroendokrinologie der Insekten
1968. 33 Seiten – 12 Abbildungen – 1 Kunstdrucktafel – 8° – M 4,–

Heft 3 Prof. Dr. HASSO ESSBACH, Die Bedeutung der Morphologie in der Heilkunde
1968. 16 Seiten – 1 Textabb. – 13 Abb. auf 8 Kunstdrucktaf., davon 11 vierfarbig – 8° – M 12,80

Heft 4 Prof. Dr. OTT-HEINRICH KELLER, Über eine Definition von S. Lefschetz in der topologischen Schnitttheorie 1969. 29 Seiten – 1 Abb. – 8° – M 4,20

Heft 5 Prof. Dr. WOLFGANG TUTSCHKE, Das Reziprozitätstheorem für eine Klasse pseudoholomorpher Funktionen mehrerer komplexer Variabler 1969. 19 Seiten – 8° – M 3,30

Heft 6 Prof. Dr. WALTER BREDNOW, Von Lavater zu Darwin
1969. 31 Seiten – 14 Abbildungen im Anhang – 8° – M 5,50

Heft 7 Prof. Dr. FRANZ RUNGE, Organische Disulfimide in Wissenschaft und Technik
1970. 24 Seiten – 2 Abbildungen – 8° – M 3,60

Band 109

Heft 1 Prof. Dr. ERICH RAMMLER, Über die Theorien der Braunkohlenbrikettentstehung
1970. 38 Seiten – 13 Abb., davon 2 auf 2 Tafeln – 8° – M 4,–

Heft 2 Prof. Dr. WOLFGANG TUTSCHKE, Stammfunktionen komplexwertiger Funktionen
1970. 20 Seiten – 8° – M 3,70

Heft 3 Dr. habil GÜNTHER EISENREICH, Zur Syzygientheorie und Theorie des inversen Systems perfekter Ideale und Vektormodule in Polynomringen und Stellenringen 1970. 88 Seiten – 8° – M 10,80

Heft 4 Prof. Dr. med. ROLF EMMRICH, Hochdruck und Hyperlipidämie (Hypercholesterinämie) als Risikofaktoren für die Entstehung der Arteriosklerosen
1971. 23 Seiten – 10 Abbildungen – 4 Tabellen – 8° – M 3,90

Heft 5 Prof. Dr. HANS DRISCHEL, Biologische Rhythmen
1972. 57 Seiten – 31 Abbildungen – 1 Tabelle – 8° – M 6,60 (*vergriffen*)

Heft 6 Prof. Dr.-Ing. Dr. h. c. KURT SCHWABE, Konzentrierte Elektrolytlösungen – Thermodynamische und kinetische Eigenschaften 1972. 49 Seiten – 27 Abbildungen – 2 Tabellen – 8° – M 7,50

Heft 7 Prof. Dr. WOLFGANG TUTSCHKE, Konstruktion von globalen Lösungen mit vorgeschriebenen Singularitäten bei partiellen komplexen Differentialgleichungssystemen 1972. 24 Seiten – 8° – M 4,50

Band 110

Heft 1 Prof. Dr. Dr. h. c. PAUL GÖRLICH, Über die Laser und ihre Anwendung
1972. 24 Seiten – 8° – M 2,30 (*vergriffen*)

Heft 2 Prof. Dr. HASSO ESSBACH, Zum Problem der Tumoren im Kindesalter
1972. 24 Seiten – 11 Abbildungen auf 10 Kunstdrucktafeln – 8° – M 6,–

Heft 3 Prof. Dr. med. WALTER BREDNOW, Zur Anthropologie des Schwindels
1973. 17 Seiten – 2 Abbildungen auf 2 Kunstdrucktafeln – 8° – M 2,50

Heft 4 Prof. Dr. Dr. h. c. PAUL GÖRLICH, Betrachtungen über den Wissenschaftlichen Gerätebau
1972. 39 Seiten – 8° – M 3,–

Heft 5 Prof. Dr. ERICH RAMMLER, Einige Betrachtungen über Erdgas
1974. 43 Seiten – 8 Abbildungen – 3 Tabellen – 8° – M 4,50

Heft 6 Prof. Dr. GUSTAV E. R. SCHULZE, Zur Rolle des Einfachheitsprinzips im physikalischen Weltbild
1974. 23 Seiten – 4 Abbildungen – 8° – M 2,50

Heft 7 Prof. Dr. med. ROLF EMMRICH, Zwischen Leben und Tod. Ärztliche Probleme der Thanatologie
1974. 22 Seiten – 2 Abbildungen – 4 Tabellen – 8° – M 3,50

Band 111

Heft 1 Prof. Dr. WILHELM MAIER, Vom Erbe Bernhard Riemanns 1975. 16 Seiten – 8° – M 2,50

Heft 2 Prof. Dr. med. HANS DRISCHEL, Organismus und geophysikalische Umwelt
1975. 50 Seiten – 25 Abbildungen – 1 Tabelle – 8° – M 7,–

Heft 3 Prof. Dr. MARIA HASSE, Zum Begriff des allgemeinen Produkts von Kategorien
1975. 32 Seiten – 8° – M 5,–

Heft 4 Prof. Dr.-Ing. Dr. h. c. KURT SCHWABE, Analytische Probleme des Umweltschutzes
1975. 28 Seiten – 9 Abbildungen – 2 Tabellen – 8° – M 3,50

Heft 5 Prof. Dr. WOLFGANG BUCHHEIM, Die kopernikanische Wende und die Gravitation
1975. 36 Seiten – 2 Farbtafeln – 8° – M 5,–

Heft 6 Prof. Dr. HERMANN BERG, Photopolarographie und Photodynamie
1975. 19 Seiten – 2 Abbildungen – 2 Tabellen – 8° – M 3,–

Heft 7 Prof. Dr. MANFRED GERSCH, Probleme der Insektizide aus heutiger Sicht
1975. 36 Seiten – 9 Abbildungen – 2 Tabellen – 8° – M 4,–

Band 112

Heft 1 Prof. Dr. WALTER BREDNOW, Spiegel, Doppelspiegel und Spiegelungen – eine „wunderliche Symbolik" Goethes 1975. 28 Seiten – 4 Abbildungen – 8° – M 3,–

Heft 2 Prof. Dr. ARTUR LÖSCHE, Über negative absolute Temperaturen
1976. 26 Seiten – 12 Abbildungen – 8° – M 4,–

Heft 3 Prof. Dr. med. HERBERT JORDAN, Kurorttherapie: Prinzip und Probleme
1976. 31 Seiten – 10 Abbildungen – 8° – M 4,50

Heft 4 Prof. Dr. FRIEDRICH WOLF / Dr. PETER FRÖHLICH, Zur Druckabhängigkeit von Ionenaustauschreaktionen 1977. 13 Seiten – 6 Abbildungen – 1 Tabelle – 8° – M 2,–

Heft 5 Prof. Dr. DIETRICH UHLMANN, Möglichkeiten und Grenzen einer Regenerierung geschädigter Ökosysteme 1977. 50 Seiten – 20 Abbildungen – 2 Tabellen – 8° – M 6,50

Heft 6 Prof. Dr. ERICH RAMMLER, Zwei Jahrzehnte Entwicklung des Einsatzes der Energieträger Kohle und Erdöl im Weltmaßstab 1977. 29 Seiten – 6 Abbildungen – 4 Tabellen – 8° – M 4,–

Heft 7 Prof. Dr. ULRICH FREIMUTH, Umweltprobleme in der Ernährung
1977. 32 Seiten – 3 Abbildungen – 4 Tabellen – 8° – M 4,–

Band 113

Heft 1 Prof. Dr. ERICH LANGE, Allgemeingültige Veranschaulichung des II. Hauptsatzes (*Vorliegendes Heft*)

Heft 2 Prof. Dr. HERBERT BECKERT, Bemerkungen zur Theorie der Stabilität
1977. 19 Seiten – 8° – M 2,50

Einzel- oder Fortsetzungsbestellungen durch eine Buchhandlung erbeten
Sitzungsberichte bis Band 106
durch das Zentralantiquariat der Deutschen Demokratischen Republik, Leipzig,
ab Band 107 durch den Akademie-Verlag, Berlin, zum Teil noch lieferbar

AKADEMIE-VERLAG
DDR-108 Berlin, Leipziger Str. 3–4

FSC
www.fsc.org
MIX
Papier | Fördert gute Waldnutzung
FSC® C083411

Zeitfracht Medien GmbH
Ferdinand-Jühlke-Straße 7
99095 Erfurt, Deutschland
produktsicherheit@kolibri360.de